探秘细菌王国

超级强大的细菌
指挥家

[以色列] 杳娜·盖贝 文/图　程少君/译

天地出版社 | TIANDI PRESS

图书在版编目(CIP)数据

超级强大的细菌指挥家 / (以)查娜·盖贝文、图;
程少君译. —成都: 天地出版社, 2020.9
（探秘细菌王国）
ISBN 978-7-5455-5803-6

Ⅰ.①超… Ⅱ.①查… ②程… Ⅲ.①细菌-少儿读
物 Ⅳ.①Q939.1-49

中国版本图书馆CIP数据核字(2020)第111480号

Maestro Bacterium
Text and illustrations by Chana Gabay
Copyright © 2018 BrambleKids Ltd
All rights reserved

著作权登记号　图字: 21-2020-203

CHAOJI QIANGDA DE XIJUN ZHIHUIJIA
超级强大的细菌指挥家

出品人	杨　政		责任编辑	曹　聪
著绘人	[以色列] 查娜·盖贝		装帧设计	霍笛文
译　者	程少君		营销编辑	陈　忠　魏　武
总策划	陈　德　戴迪玲		版权编辑	包芬芬
策划编辑	李秀芬		责任印制	刘　元　葛红梅

出版发行　天地出版社
　　　　　（成都市槐树街2号 邮政编码:610014）
　　　　　（北京市方庄芳群园3区3号 邮政编码:100078）
网　　址　http://www.tiandiph.com
电子邮箱　tianditg@163.com
经　　销　新华文轩出版传媒股份有限公司

印　刷	北京瑞禾彩色印刷有限公司		印　张	7.2
版　次	2020年9月第1版		字　数	90千字
印　次	2022年4月第5次印刷		定　价	98.00元(全4册)
开　本	889mm×1194mm 1/20		书　号	ISBN 978-7-5455-5803-6

细菌指挥家

你好呀，我是你的朋友细菌。我身边有一群帮手，它们就像一个交响乐团，正在演奏一首复杂的曲目。

我就是乐团指挥。

我确保所有乐手都跟得上节奏，一起演奏出抑扬顿挫的美妙乐曲。

1

我非常非常小，因为我仅仅由一个细胞组成。

作为人类，你由**几十万亿个细胞**组成。这些细胞虽然个头也很小，但还是要比我大一些。

尽管组成你的细胞非常非常小，但细胞里却装满了非常重要的物质，这些物质让你成为现在的样子。

我只有一个细胞，而你却有很多很多个细胞！

在这本书里，你首先会了解到：我的单细胞和你的很多很多细胞之间有什么重要的共同点。接下来我会告诉你：我和我的细菌家族如何帮助你变成现在的模样。

虽然我很小，你很大，但我们都有
一个相同的叫作DNA的东西。DNA
是脱氧核糖核酸的简称。

那么，DNA是什么？我们
为什么需要它？

简单来说，DNA就像一套
指令，决定了我们的模样
和行动、行为方式。

DNA包含了所有让
我们变成现在这样
的信息，就好比一
首乐曲里按特定顺
序排列的音符所构
成的旋律。

所有动物都有DNA。

植物细胞中也有DNA!

DNA决定了我是细菌，而你是人。

事实上，DNA存在于每一个生命体的每一个细胞里。因此，DNA对所有生命都非常重要！

所有的生命都是由细胞组成。细胞虽小，但有些细胞却有一个位于中心的物质，名叫**细胞核**。

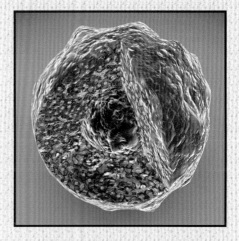

含细胞核的人体细胞

细胞核是细胞的管控中心。它特别重要，因为它里面含有DNA。

DNA是一种特殊的混合物，它让每一种生物都拥有自己独特的外观和行为方式。DNA就像生命的蓝图，决定了每一种生物的特性，并且确保这些信息能够代代相传。

5

DNA比细胞还小，由很多更小的分子组成。

这些分子组成了一个奇怪的形状，看上去像是一个扭曲的梯子，被称为**双螺旋结构**。

DNA的发现要归功于一些特别聪明的人。
第一位是生活在约150年前的瑞士科学家弗雷德里希·米歇尔。DNA最初就是被他从手术绷带的脓液中分离出来的。直到米歇尔发现DNA约100年后，才陆续有一群科学家揭开DNA的双螺旋结构之谜。他们是：罗莎琳德·富兰克林、莫里斯·威尔金斯、詹姆斯·沃森和弗朗西斯·克里克。至于他们的成就，就交给你来查阅啦。

罗莎琳德·富兰克林　　莫里斯·威尔金斯　　詹姆斯·沃森　　弗朗西斯·克里克

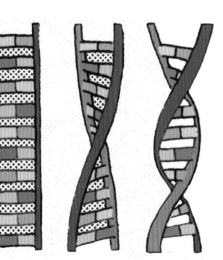

DNA的分子中包含碱基，它们组成了"梯子"的横档梯级。

至于将梯级连接在一起的"梯子"扶手，则是由磷酸和脱氧核糖组成的混合物。

现在，一起来看看组成DNA的碱基。
DNA的双螺旋结构中包含**四种类型的碱基**。

腺嘌呤（Adenine）

胸腺嘧啶（Thymine）

由于这些名字十分难记，我们只要记住它们的
英文首字母——A、T、C、G就够啦！

胞嘧啶（Cytosine）

鸟嘌呤（Guanine）

9

这四种碱基是好朋友，它们总是成对玩耍。
A总是和T在一起，而G总是和C形影不离。

就像交响乐团的成员们需要相互配合才能演奏
出美妙的音乐一样，为了制造出强壮健康的
DNA，碱基们也会互相配合，亲密合作。

而我——细菌指挥家，就要负责管理和
指挥这个碱基"乐团"。
现在来看看我是怎么指挥的吧！

11

所有DNA的信息都是用一种特殊的编码写成的，有点儿像用五线谱作曲。

独立的"音符"就是A、T、C、G四种碱基。

当这些音符一起被演奏的时候，就产生了"和弦"——三个碱基的组合，例如CGA或TCC。

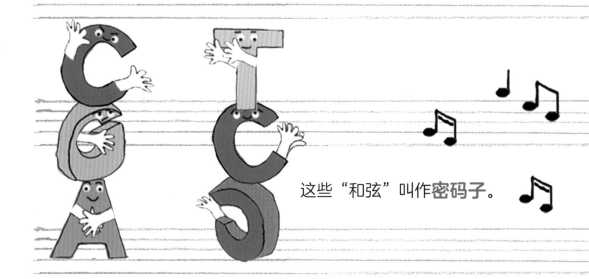

这些"和弦"叫作**密码子**。

由不同的密码子组成的"旋律"，就是我们所说的**基因**。基因又称为遗传因子，指的是带有遗传信息的DNA片段。一个基因序列看起来可以是这样的……

或者是这样……

又或者是这样……

事实上，基因序列的组合方式无穷无尽！

这一切又意味着什么呢？

这么说吧，这些基因会给你身体的每一个细胞发出指令，而这些指令决定了每一个细胞以怎样的方式来组合。

所以说，你拥有什么颜色的头发、什么形状的眼睛，以及是否拥有一双适合弹钢琴的手……都是由基因所决定的！

细胞、染色体和基因

我之前说过，你的身体由几十万亿个细胞组成，而每个细胞中都含有决定你是谁的物质——DNA。

作为细胞的控制中心，细胞核内塞满了你的基因，它们结合在一起，所形成的双螺旋结构就是**染色体**。

细胞中的染色体分为两组，而每组中的染色体都是相互匹配、成对出现的。

人类共有23对（46条）染色体。在显微镜下，你的染色体看上去是下图这样的……

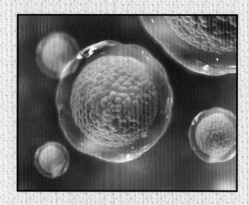

一些单细胞的特写

一对染色体

一套完整的基因称为基因组。

每个生命都有自己的基因组，地球上的每一种有机物
的基因组也各不相同。

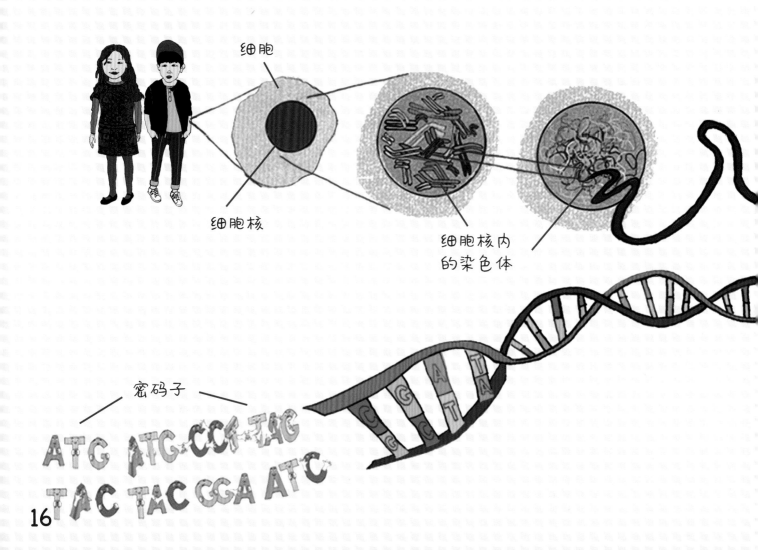

细胞

细胞核

细胞核内
的染色体

密码子

ATG ATG CCT TAG
TAC TAC GGA ATC

细菌的基因组通常有几千个基因，
而你们人类约有20,000个。

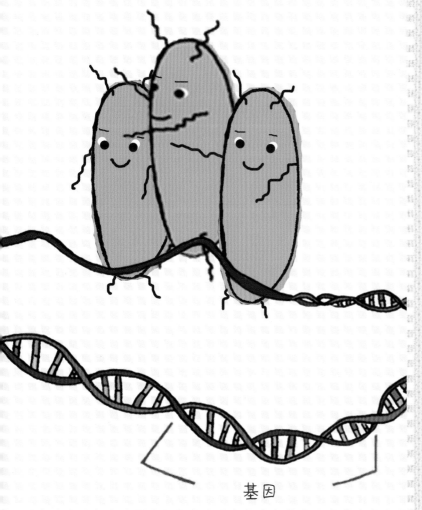

基因

人类基因组计划

在很长一段时间里，人类的基因组都是一个谜。人类虽然发现了DNA的存在，却无法读取上面的信息。人类基因组计划是一个国际工程，目的是破解控制人类进化的所有遗传物质之谜。

该计划于1990年启动，由来自世界各地的科学家共同参与。2003年，科学家们发现人类约有20,000个基因，并且人与人之间的基因相似度高达99.9%！

科学家在实验室工作

快看！你体内有好多DNA呢！

人类DNA约有30亿个碱基对。如果把它们延展开来，可以形成很多很多条线。

事实上，如果你把DNA从一个细胞中取出来，把它完全拉伸，都能拉到约1米长。

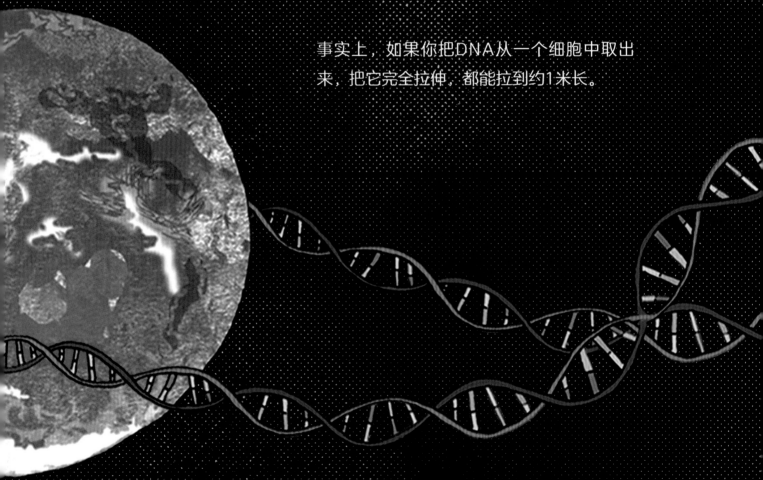

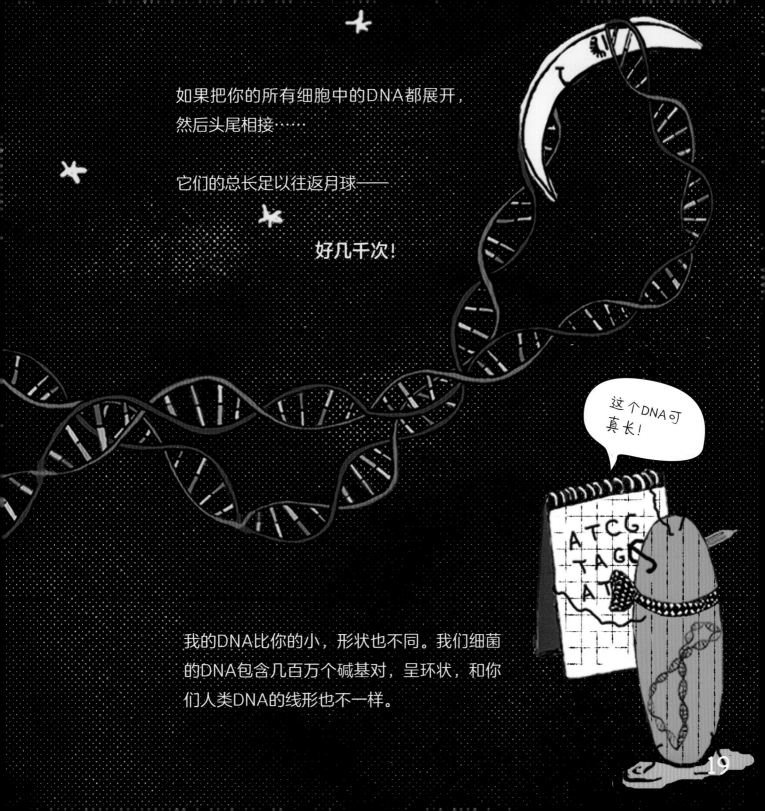

如果把你的所有细胞中的DNA都展开，
然后头尾相接……

它们的总长足以往返月球——

好几千次！

这个DNA可真长！

我的DNA比你的小，形状也不同。我们细菌的DNA包含几百万个碱基对，呈环状，和你们人类DNA的线形也不一样。

19

我们来比比看！

你有46条染色体，大约20,000个基因。

你的基因独一无二，正是基因使你看上去与其他生物不同。

没有想到吧！一条小小的金鱼竟然有100条染色体，70,000多个基因！

所以说，染色体及基因的数量多少与生物的大小无关。

一头高大的长颈鹿只有30条染色体，约17,000个基因，比你的还少。

菠菜有12条染色体，约25,000个基因。

阿特拉斯蓝蝴蝶约有450条染色体，是这一页的所有生物中染色体数量最多的。

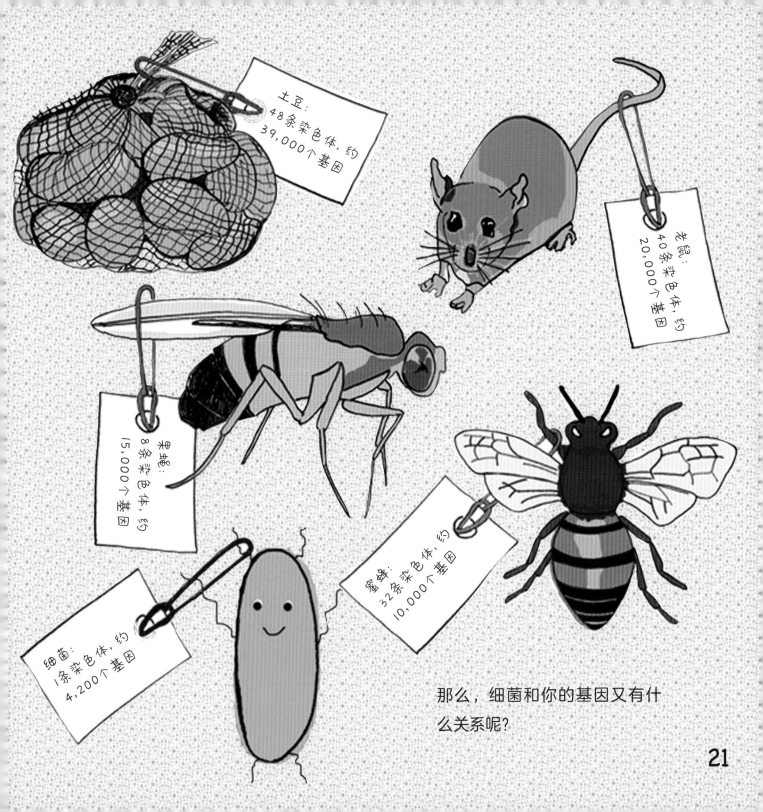

土豆：
48条染色体，约
39,000个基因

老鼠：
40条染色体，约
20,000个基因

果蝇：
8条染色体，约
15,000个基因

蜜蜂：32条染色体，约
10,000个基因

细菌：
1条染色体，约
4,200个基因

那么，细菌和你的基因又有什么关系呢？

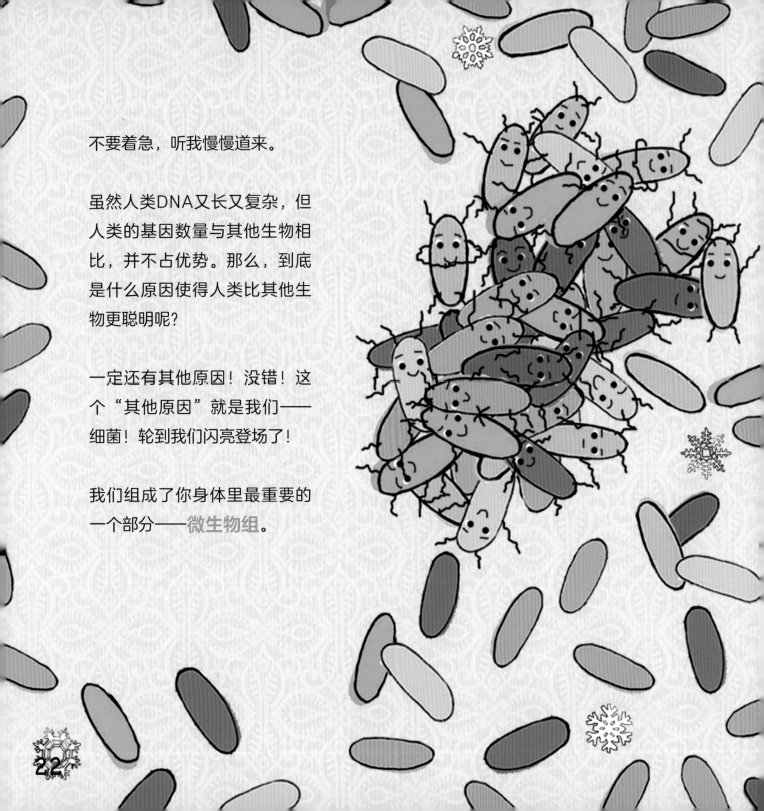

不要着急，听我慢慢道来。

虽然人类DNA又长又复杂，但人类的基因数量与其他生物相比，并不占优势。那么，到底是什么原因使得人类比其他生物更聪明呢？

一定还有其他原因！没错！这个"其他原因"就是我们——细菌！轮到我们闪亮登场了！

我们组成了你身体里最重要的一个部分——微生物组。

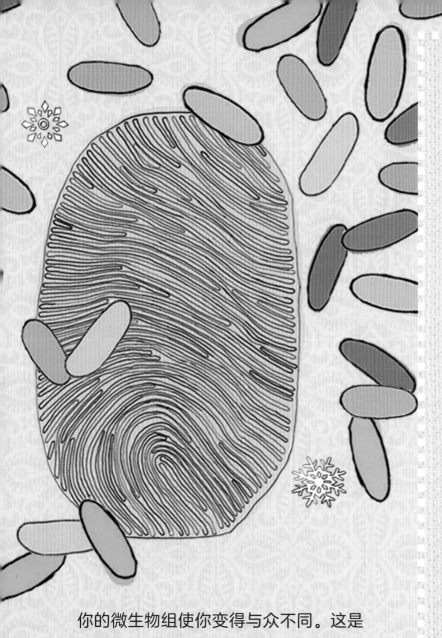

什么是微生物组？

你的微生物组是生活在你的体内和体表的细菌的总称。这些细菌帮助你消化食物，并将食物转化为能量和维生素。另外，微生物组能通过控制你的免疫系统（身体的自我防御系统）来让你保持健康。

你的微生物组使你变得与众不同。这是因为在每个人的微生物组中，细菌的混合方式都不一样。你的微生物组就像你的指纹一样，是独一无二的。

正如每一片雪花都不一样，每个人的微生物组也各不相同。我们细菌通过自己所在的微生物组把自己的基因分享给人类，并帮助人类控制他们的基因，使得每个人都具有独特性。

正是你的微生物组，让
你与其他人不一样。

这是因为在你的微生物组里遍布**细菌基因组**——你体内细菌的基因总和。

一旦细菌基因和你的基因相结合，这些基因就会整合起来，让你变成一个非常复杂的有机体！

25

我们细菌能够弥补所有你可能缺少的基因，这些基因能帮助你在每一个成长阶段存活下来。

也就是说，当你还是个小婴儿的时候，合适的细菌就已经带着合适的基因来帮助你消化母乳了。

到了你需要消化固体食物的时候，我们也参与其中。

宝宝品尝第一口固体食物

儿童享受健康的一餐

不管你去到哪里，你的一生中都有我们
细菌的陪伴。

无论你是在非洲吃水果和蔬菜，

还是在亚洲吃米饭，

又或者是在北极吃鱼……我们细菌
都会伴你左右，我们无处不在。

或者是在北美洲大
口享用南瓜派，

27

你的一些基因能够自己做决定，比如决定你的头发和眼睛的颜色。

大多数基因还是需要帮助才能做出决定，这时候就又轮到我们细菌登场了。

我们能够控制你的基因，让你感到高兴或忧伤，还能决定你喜欢或讨厌什么食物，甚至可以决定你是否怕被挠痒痒。

28

我们控制你的基因的方式，就像一个指挥家在指挥交响乐团一样……

我们决定谁先演奏、什么时候开始演奏、用多大音量，以及演奏多长时间。

29

现在明白了吧，我们细菌帮忙创造出了独一无二的你！

我和你虽然都有DNA，但是DNA种类的差异决定了我是细菌，而你是人类。

我把我的基因组分享给你，从而弥补了你的基因的不足。如此一来，你就变得更聪明、更灵敏。

在我们的帮助下，你能够让自己的基因正常运转，最终变得独一无二！

实际上，在我这位细菌指挥家的带领下，我们细菌总是竭尽全力地保证你体内的一切正常运转。

关于作者

查娜·盖贝博士在孩童时期便对医学产生了浓厚的兴趣。她在高中时就加入了以色列魏茨曼学院的一个医学研究小组。高中毕业后，她考上了以色列著名的本·古里安大学，获得临床医学学士和生物学学士双学位。后来，又在希伯来大学攻读了医学硕士和博士学位。毕业后，盖贝博士在医院工作了7年。如今，她致力于癌症领域的科研工作，以及藻类、细菌、真菌、植物细胞、果蝇、小鼠细胞系和人类淋巴瘤等有机体的研究。此外，盖贝博士也是著名的医学文献和医学书籍译者。

这套书是盖贝博士创作的第一套童书，最初的构想是为她的孩子创作一套适龄的微生物科普读物。在创作这套书的过程中，作者不仅用生动、幽默的语言，准确地讲述了细菌的知识，而且还绘制了萌趣可爱、脑洞大开的插图。

图片来源

第 5 页：Naeblys

第 7 页：Crick- Marc Lieberman; Wikimedia. org; Miescher-Wikimedia.org; Watson – Wikimedia. org; Wilkins- von Website der National Institutes of Health Wikimedia.org; Franklin-Jewish Chronicle Archive/Heritage-Images Wikimedia.org

第15页：Jane Ades; crystal light; Yurchanka Siarhei

第17页：Gorodenkoff

第20页：Peter Morgan Wikimedia.org; DAVID ILIFF. License: CC-BY-SA 3.0; giraffe Eric Isselee; children- Rawpixel.com; goldfish Vangert

第23页：leungchopan; Olha Odrinska

第26页：Natee K Jindakum; DGLimages

第30-31页：UfaBizPhoto

献给我的孩子们：
希莱勒、德瓦士和阿嘎姆。